Elena Bassoli

Um ponto sobre a fusão de metais em leito de pó

Elena Bassoli

Um ponto sobre a fusão de metais em leito de pó

ScienciaScripts

Cover image: www.ingimage.com

This book is a translation from the original published under ISBN 978-3-659-78972-4.

Publisher:
Sciencia Scripts
is a trademark of
Dodo Books Indian Ocean Ltd. and OmniScriptum S.R.L publishing group

120 High Road, East Finchley, London, N2 9ED, United Kingdom
Str. Armeneasca 28/1, office 1, Chisinau MD-2012, Republic of Moldova, Europe
Printed at: see last page
ISBN: 978-620-7-97251-7

ÍNDICE DE CONTEÚDOS:

Resumo

A tecnologia aditiva está a suscitar um enorme interesse em todos os sectores da indústria, devido às suas peculiaridades em comparação com os processos de fabrico mais tradicionais. Algumas vantagens típicas desta tecnologia incluem a possibilidade de gerar idealmente qualquer forma (complexidade geométrica) e de reduzir o número de peças necessárias para obter uma determinada forma (integração funcional). Além disso, não há (ou há muito pouco) desperdício de material, uma vez que só é utilizado o que é efetivamente necessário. É interessante notar que a tecnologia está a estender-se também a peças críticas, como as pás das turbinas para aplicações energéticas e aeronáuticas: componentes com formas bastante complexas com canais de refrigeração internos que constituem um grande desafio do ponto de vista do fabrico. Está provado que os processos de AM garantem custos mais baixos, uma gama mais alargada de ligas metálicas e uma maior resistência mecânica do que as soluções convencionais.

A AM tem ainda alguns inconvenientes: as taxas de construção são geralmente mais lentas do que nos processos de fabrico tradicionais e, além disso, a dimensão do objeto que pode ser construído é limitada pelos dispositivos de impressão atualmente disponíveis. O processo em si é de alguma forma crítico: envolve a deposição sequencial de camadas e a fusão selectiva de material, o que provoca uma transferência de calor complexa. É necessário lidar com elevados gradientes de tensão, que variam em diferentes locais dos componentes. As tensões residuais podem levar à deformação ou falha do componente durante o próprio processo, ou após o tratamento de alívio, se a estratégia e os parâmetros de construção não forem optimizados.

Powder Bed Fusion (fusão em leito de pó) é a designação padrão atual dos processos de fabrico aditivo em que um pó metálico é colocado num leito e transformado numa secção sólida através de um feixe de alta energia. O termo agrupa vários processos que partilham o mesmo esquema, de tal forma que meras variações dos parâmetros do processo resultam numa mudança de um para outro. Esta revisão aborda as normas, a configuração das máquinas, os parâmetros do processo, a anisotropia, os materiais e as propriedades, as microestruturas e os possíveis defeitos. São depois tratados os principais domínios de aplicação, com destaque para exemplos de sucesso notáveis, para terminar com uma discussão crítica dos riscos e oportunidades e uma panorâmica das tendências da investigação.

CAPÍTULO 1

1. Introdução

A fusão em leito de pó é a terminologia mais recente, estabelecida pelo Comité ASTM F42, para a designação de processos de fabrico aditivo em que um pó metálico é colocado num leito e sinterizado ou fundido por meio de um feixe de alta energia. O Comité, formado em 2009, trabalha para a promoção do conhecimento, o estímulo à investigação e a implementação de tecnologia através do desenvolvimento de normas para as tecnologias de fabrico aditivo. Na ASTM F2792-12a "Standard Terminology for Additive Manufacturing Technologies" (Terminologia normalizada para as tecnologias de fabrico de aditivos), foi feito um esforço para normalizar a terminologia utilizada pelos utilizadores, produtores e investigadores de AM.

As tecnologias de fabrico em camadas nasceram sob a designação de "prototipagem rápida", a que se juntaram depois as equivalentes "rapid-tooling", "-casting" e manufacturing", no caso de a peça não servir de protótipo, mas sim de ferramenta, ou de molde/estampa para fundição ou eletrodeposição, ou de produto final (Gatto et al. 2007; Bassoli & Atzeni, 2009). Todos eles se concentraram na velocidade de produção, ou seja, no curto tempo de colocação no mercado, garantido pela prontidão da produção de peças, diretamente a partir do modelo CAD, sem qualquer fase de maquinação ou de utilização de ferramentas.

Os avanços tecnológicos destes processos, em termos de materiais disponíveis, propriedades mecânicas e precisão das peças, levaram apenas recentemente a considerar o fabrico por camadas como uma importante solução de fabrico comercial.

Consecutivamente, a atenção foi-se alargando gradualmente da rapidez para incluir novas oportunidades de fabrico. A capacidade de pensar e produzir produtos que não são viáveis pelos processos tradicionais é hoje o principal motor da utilização da AM, juntamente com as simplificações logísticas, enquanto a velocidade de fabrico se está a tornar uma vantagem secundária. Simultaneamente, a designação técnica destes processos ignorou o termo rápido, em favor de uma tónica na construção aditiva em camadas. A AM é agora definida, em normas internacionais, como um processo de "junção de materiais para fabricar objectos a partir de dados de modelos 3D, normalmente camada sobre camada, por oposição às metodologias de fabrico subtrativo".

Ainda mais recente é a ampla difusão da expressão popular "impressão 3D", para nomear os processos de AM em geral, em vez da tecnologia específica coberta pela patente da Z Corp (Bredt et al., 2003), que envolve uma cabeça de impressão de jato de tinta para aplicar um aglutinante no pó de gesso/amido.

No cenário de uma multiplicidade de impressoras 3D de baixo custo para o consumidor, pensadas para aplicações de passatempo, torna-se cada vez mais imperativa uma distinção e designação claras dos sistemas profissionais de AM. A comunidade tecnológica precisa de partilhar a terminologia, os métodos de teste e as especificações para os processos de AM industrialmente relevantes, especificamente para os que se destinam a construir peças metálicas.

No que diz respeito aos metais, várias tecnologias sobrepuseram-se e lutaram pela quota de mercado nas últimas três décadas, principalmente: Sinterização direta de metais a laser (DMLS), sinterização selectiva a laser (SLS), fusão selectiva a laser (SLM), fusão por feixe de electrões (EBM). Todos eles envolvem um feixe de alta energia que actua sobre um leito de pó para unir partículas de metal numa secção transversal sólida da peça. Atualmente, todos estes processos são classificados como fusão em leito de pó (PBF).

Atualmente, o PBF está a penetrar em mercados específicos, abrindo novas oportunidades tecnológicas para produtos de topo de gama, devido às suas enormes vantagens tecnológicas: uma liberdade de conceção inovadora que permite componentes extremamente leves com funcionalidades novas e integradas; produção rápida sem necessidade de ferramentas; sem custos de investimento em ferramentas e elevada flexibilidade.

As vantagens técnicas do PBF requerem ainda bases cada vez mais sólidas, principalmente em termos de: fiabilidade e robustez do processo; garantia de qualidade e previsibilidade a longo prazo das peças; redução da variação de máquina para máquina em todos os materiais e tipos de máquinas; procedimentos normalizados para o controlo das matérias-primas e dos produtos; melhor controlo do desempenho do processo em diferentes configurações, a fim de definir os objectivos desejados em termos de custos e produtividade para diferentes respostas esperadas.

CAPÍTULO 2

2. O processo

A PBF de metais envolve o aquecimento seletivo (sinterização ou fusão) de secções transversais num leito de pó que é baixado gradualmente para construir a peça camada sobre camada. Em cada passo, é retirado novo pó de um fornecedor de pó e espalhado num leito por um rolo ou por um recobridor deslizante, dependendo do sistema.

Um feixe de alta energia é focado no leito de pó e utilizado como ferramenta de fusão, conduzido ao longo de um percurso de ferramenta por espelhos ou lentes. Na maioria dos sistemas, a fonte de calor é um feixe laser, CO2 ou, mais frequentemente, um laser de fibra.

Um esquema geral do sistema é apresentado na Figura 1. A câmara de construção permite normalmente o pré-aquecimento do leito de pó e pode incluir uma atmosfera protetora, para o processamento de ligas reactivas. A Arcam AB desenvolveu e vende atualmente uma máquina baseada na tecnologia de feixe de electrões, com uma potência que pode atingir os 3000W. O sistema, cujo projeto é apresentado na Figura 2, requer um elevado vácuo.

Um dos principais factores que afectam a precisão dimensional dos processos PBF é o diâmetro mínimo do ponto, que depende do comprimento de onda da radiação. A consequência óbvia é um interesse crescente em feixes de alta energia, que podem ser focados em pontos cada vez mais pequenos, como seria possível na fusão por feixe de electrões.

Como alternativa, este tipo de feixe permitiria o funcionamento com um diâmetro de ponto maior, mas com menor necessidade de precisão na distância focal, ou seja, a possibilidade de trabalhar fora de foco sem comprometer a capacidade de fusão. Teoricamente, os processos de fusão em leito de pó não necessitariam de estruturas de suporte por baixo de uma saliência, uma vez que o próprio leito de pó é capaz de suportar o peso construído.

No entanto, a prática comum implica a utilização de suportes, caso contrário obtêm-se defeitos como o empeno e um acabamento superficial deficiente.

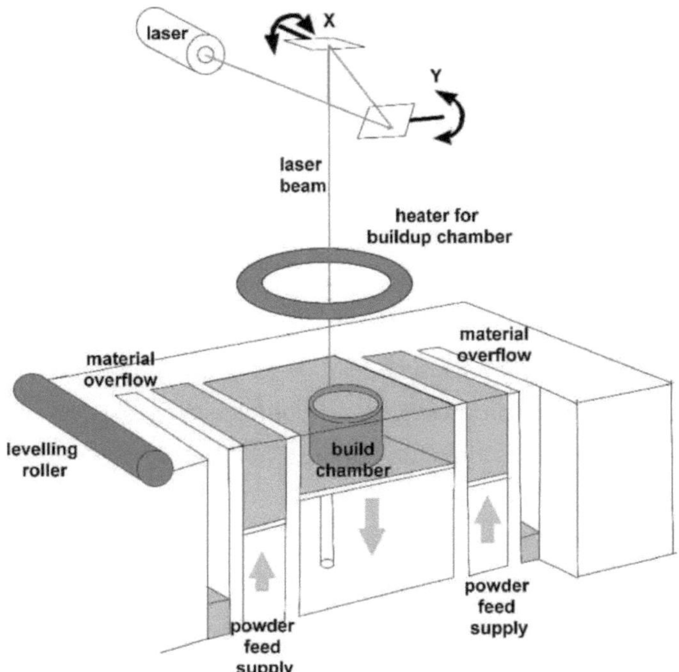

Figura 1. Esquema de um sistema PBF a laser

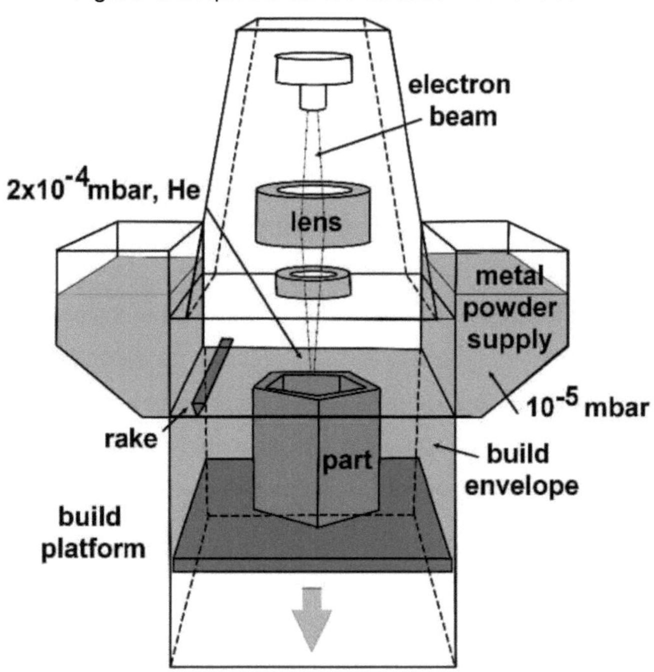

Figura 2. Esquema de um sistema PBF de feixe de electrões

O desenvolvimento simultâneo (e o registo de patentes), por diferentes intervenientes, de diferentes soluções de fabrico que exploravam o mesmo princípio conduziu a uma grande variedade de especificações e mesmo de designações tecnológicas.

A consequência foi alguma ambiguidade na terminologia. O quadro I pode trazer alguma clarificação, ao listar as várias designações juntamente com os principais fabricantes de sistemas e as especificações das máquinas.

A SLS baseava-se inicialmente na sinterização em estado sólido das partículas de metal, desenvolvendo-se através de três etapas de processo: parte verde, castanha e vermelha.

A tecnologia foi comercializada pela DTM Corp, adquirida pela 3D Systems em 2001. O processo era moroso: as peças necessitavam de impregnação capilar com bronze para atingir a densidade e a resistência totais. O sistema foi patenteado por C. Deckard e G. Beaman na Universidade do Texas, em meados dos anos 80. Um processo semelhante foi patenteado, mas nunca comercializado, por RF Housholder em 1979.

Na SLM, a ação do laser provoca uma temperatura suficientemente elevada no leito de pó para obter uma piscina totalmente fundida. O processo físico é então muito diferente da sinterização: a densidade total é obtida em tempos curtos, sem porosidade residual.

Por outro lado, o processo implica gradientes de temperatura acentuados e elevadas taxas de arrefecimento. Os riscos adicionais são a instabilidade na trajetória de fusão e a esferoidização, ambas relacionadas com a geometria da poça de fusão e com o percurso da ferramenta laser (Gong & Chou, 2013).

Os fenómenos de consolidação em DMLS diferem quando se processa uma mistura de pós ou um metal pré-ligado. No caso de uma mistura, a presença de um constituinte de fusão inferior provoca a sinterização em fase líquida. Esta última, sob esta condição específica, deve ser considerada como um véu líquido que cobre as partículas de fusão mais elevada.

A percentagem de líquido mantém-se abaixo da percentagem típica, por exemplo, da tixoformação, o que permite atingir uma densidade relativa tão elevada como 98%.

No caso de um pó pré-ligado, a fusão tem lugar numa gama de temperaturas com composição variável. A primeira fração de fusão molha os núcleos sólidos com um mecanismo semelhante ao que acaba de ser descrito. O que varia é que, na parte sólida final, a matriz não fundida e a fase húmida não são claramente distintas, mas ligadas através de um gradiente de composição suave.

No EBM, a densidade de energia no ponto focal é suficientemente elevada para fundir totalmente as partículas de metal, mesmo com uma velocidade de varrimento tão elevada como 1000 m/s.

As peças totalmente densas e resistentes são construídas três a cinco vezes mais rapidamente do que noutros processos PBF.

A eficiência energética é também muito elevada, cerca de 95%, 5 a 10 vezes superior à da tecnologia laser. Por outro lado, a rugosidade da superfície obtida por EBM é comparável à da fundição em areia. A elevada temperatura na poça de fusão provoca uma baixa viscosidade da massa fundida, que se adapta à morfologia do pó circundante.

Quadro I. Especificações dos principais sistemas de fusão em leito de pó

Technology	Issue year	Patent holder	System manufacturers	Build chamber mm^3 (x/y/z)	Power [W]	Beam source	Spot diameter [µm]	Inert atmosphere	Layer thickness [µm]
SLS	1985	Univ. of Texas Austin (USA)	3D Systems direct metal	100x100x80	50	Fiber laser			10-50
				140x140x100	300				10-50
				250x250x300	500				10-50
				500x500x50	2x500 (1000)				10-100
			Farsoon, China	235x235x3050	30, 60	CO_2		Ar/N_2	20-100
				350x350x430	30/60/100				60-300
				275x275x320	500	Yb-fiber laser	100		20-100
DMLS	1995	EOS Munich (Germany)	EOS GmbH (Germany)	Ø80x95	100	Yb-fiber laser	30	N_2	
				250x150x325	200/400		100-500		
				250x150x325	400		100		
				400x400x400	1000		90		
SLM	1995	Fraunhofer Institute ILT Aachen, Germany	SLM solution GmbB (Germany)	125×125×75	400	Yb-Fiber-Laser	60 - 90	Ar/N_2	20 -75
				280x280x360	400/1000		80 - 120/700		20 - 75/100
				500x280x320	400/1000		60/70 - 90		20 -75
			Concept Laser GmbH (Germany)	250×250x250	200/400	fiber laser	50-500	Ar/N_2	20-200
				250×250x250	200/400				
				630x400x500	1000		100-500		30-200
				800x400x500	1000				
			Sisma Mysint (Italy)	Ø100x100	150		50	Ar, Ar/N_2, N_2	10
			3D Fusion (USA)	Ø240x250	200/400/1000		70/135/400	Ar, N_2, CO_2	20 - 100

			Renishaw (UK)	250X250X365	200/400	Fiber-Laser	70	Ar/N_2	20-200
EBM	1997	Arcam AB (Sweden)	Arcam AB (Sweden)	200x200x180	3000	Electron beam	100	$1x10^{-3}$ mbar He	100
				Ø350x380	3000		180	$4x10^{-3}$ mbar He	10-50
				200X200X380	50-3000		200-1000	$<1x10^{-4}$	13

Todos os processos descritos partilham o mesmo esquema geral, de tal modo que uma simples variação dos parâmetros do processo, ou seja, da densidade de energia ou das dimensões das partículas, pode resultar numa mudança de um mecanismo de união para outro. Um feixe de alta energia provocará a separação ou a fusão total de duas partículas sólidas, consoante a velocidade de varrimento. O facto de agrupar todas estas tecnologias sob a mesma designação Fusão em leito de pó realça as semelhanças no princípio de construção. Dito isto, a recente classificação normalizada não é simplificadora, mas também cientificamente fundamentada.

Do ponto de vista meramente funcional, com as versões iniciais da tecnologia, as peças sofriam de uma porosidade residual, que exigia pós-tratamentos e terminava num mau comportamento mecânico, baixa resistência à corrosão e incapacidade de obter um acabamento fino por maquinagem. Atualmente, o processo garante a produção de peças metálicas totalmente densas em forma de rede. Nos melhores casos, para os sistemas laser, a rugosidade média da superfície das peças construídas pode ser de cerca de 6-1 Opm; é necessário efetuar o acabamento para obter superfícies mais lisas.

O processo de construção em qualquer sistema AM é inerentemente anisotrópico. O PBF, em particular, envolve duas fontes de anisotropia (Bassolietai., 2012). A primeira é intrínseca ao fabrico em camadas e diz respeito à descontinuidade microestrutural na interface entre as camadas subsequentes. As propriedades da peça ao longo da direção Z são influenciadas principalmente pela junção entre diferentes camadas. Também devido aos esforços de investigação nas últimas décadas, atualmente muitos fabricantes de sistemas indicam claramente as diferentes caraterísticas nas fichas técnicas. A anisotropia secundária refere-se a variações de propriedades no plano do leito de pó, devido a mecanismos anisotrópicos de distribuição do pó ou de fornecimento de calor, relativamente ao percurso da ferramenta do feixe. Os efeitos são sempre menos relevantes do que os da anisotropia primária, sendo frequentemente negligenciáveis.

Na maioria dos sistemas PBF, a anisotropia secundária foi removida através da aplicação de estratégias de construção específicas. Tomando como exemplo o DMLS, em cada camada o laser actua com toalhetes paralelos dirigidos de acordo com um vetor de varrimento definido. Para a camada seguinte, o vetor de varrimento é rodado 25° em relação ao anterior. A trajetória do laser descrita assegura fenómenos de consolidação isotrópica no plano do leito e a única distinção possível entre os dois eixos principais pode ser devida à colocação do pó, uma vez que o recobridor se move ao longo da direção X.

As peças devem ser pensadas com uma atenção específica à sua orientação óptima no espaço de trabalho da máquina, uma vez que a própria natureza do processo provoca caraterísticas dependentes da direção. A anisotropia da resposta mecânica contribui para as muitas implicações da orientação da construção, incluindo a localização e a extensão dos erros de corte, bem como a necessidade e a posição dos suportes.

A fração da radiação incidente absorvida pelo material depende não só da reflexão, como no caso de uma superfície metálica sólida, mas também das caraterísticas peculiares do pó, como a dimensão do grão, a oxidação e a compactação. Os principais parâmetros do processo que afectam a densidade de energia e potência (por unidade de superfície) no leito de pó são:

- potência do feixe
- velocidade de digitalização
- dimensão do ponto
- sobreposição de varrimento / distância de hachura

O perfil de temperatura resultante é então o resultado de mecanismos complexos de condução, convecção e radiação. Para uma dada temperatura, os fenómenos de consolidação são determinados pela fração líquido/sólido, juntamente com as forças capilares, a molhabilidade, a difusão, a tensão superficial e a retração.

Deve ser dada especial atenção a dois fenómenos físicos pouco conhecidos que podem ser muito prejudiciais para o PBF, nomeadamente o fenómeno de balling e a instabilidade de Rayleigh. O efeito "balling" pode ocorrer quando a elevada potência específica (por unidade de superfície) do feixe sobre o leito de pó provoca a formação de finas trajectórias cilíndricas de líquido, que correm o risco de se fragmentar numa série de esferas de fusão devido à tensão superficial (Gu & Shen, 2009). Mais detalhadamente, os gradientes de concentração e de temperatura no interior da massa fundida podem gerar gradientes na tensão superficial e o consequente fluxo de material, conhecido como fluxo de Marangoni, em duas direcções antagónicas. Dependendo do mecanismo que prevalece, o fluxo de Marangoni pode causar o efeito de esferificação. O resultado é um trajeto de varrimento descontínuo, que afecta tanto a consolidação na camada como a deposição uniforme de pó na camada seguinte. Para feixes de alta potência, o efeito balling é típico de baixa velocidade de varrimento. A chamada instabilidade de Plateau-Rayleigh é uma fonte potencial adicional de instabilidade capilar de um cilindro de líquido. Um cilindro deste tipo é estável contra perturbações harmónicas axiais do seu raio com comprimentos de onda inferiores à circunferência do cilindro. Quando aplicado ao PBF, este segundo fenómeno torna-se crítico para baixas potências e altas velocidades de varrimento, que causam poças de líquido fundido com uma pequena relação circunferência/comprimento. Sob estes parâmetros de processo, a potência específica é suficiente para fundir o pó, mas não é suficiente para fundir o substrato e criar uma poça de fusão conjunta. Mesmo que o efeito seja o mesmo, ou seja, a fragmentação do traço de fusão em gotículas, os dois fenómenos ocorrem em extremos opostos da janela de processamento.

De facto, tanto a elevada velocidade de varrimento, que provoca longos e finos traços de fusão, como os excessivos gradientes de temperatura na poça de fusão, promovidos por feixes de alta potência, podem desencadear o efeito de "balling", ou seja, a quebra do traço de fusão numa série de gotículas de fusão. O papel exato dos parâmetros do laser no aparecimento da instabilidade descrita está atualmente a ser examinado e os resultados sugerem que uma classificação dos regimes de processo em termos de potência específica (potência do feixe de fusão, dimensão do ponto, velocidade de varrimento, sobreposição de varrimento e percurso da ferramenta) poderia lançar as bases para evitar o risco de balling. Notavelmente, não é improvável que tal análise resulte na possibilidade de operar lasers modernos de alta potência a velocidades de varrimento mais elevadas do que atualmente, com benefícios em termos de fiabilidade e produtividade. No caso de paredes finas, orifícios, saliências ou outras geometrias peculiares, a taxa de arrefecimento é diferente da de passagens de laser adjacentes de igual comprimento numa superfície plana sinterizada na camada anterior. Assim, a garantia de uma potência específica constante, optimizada para geometrias simples, necessita de um controlo adaptativo do percurso da ferramenta laser. São necessárias estratégias de varrimento específicas, através do desenvolvimento de novas rotinas no software de controlo da máquina. Atualmente, as geometrias locais com transferência de calor limitada podem sofrer de sobreaquecimento e consequente falta de homogeneidade da peça.

CAPÍTULO 3

3. Modelação de processos

Vários intervenientes estão a desenvolver ambientes de análise numérica que permitem a modelização provisória do processo AM, disponível para as PME como ferramenta para otimizar cada trabalho antes da construção propriamente dita. As principais vantagens seriam a economia de custos e a redução do número de peças descartadas, que são ambos inconvenientes graves da tecnologia PBF.

Olhando para trás na última década, as indústrias de software de simulação forneceram soluções capazes de simular a produção de fundição, o fluxo de moldes de plástico e muitos outros processos de fabrico. Atualmente, estão a ser disponibilizadas no mercado soluções pioneiras para simular o processo completo de produção de fabrico aditivo de um componente metálico, um passo à frente para melhorar a precisão.

Estas ferramentas têm como objetivo responder a duas questões principais:

- "Como é que a simulação pode ajudar a trazer a fiabilidade de volta aos designs AM?"
- "Podemos conceber peças para que sejam impressas corretamente à primeira?"

O próprio processo de fabrico de aditivos pode introduzir diferenças significativas entre a peça projectada e a peça fabricada. A peça projectada não tem em conta as tensões ou distorções e baseia-se nas propriedades padrão dos materiais. No entanto, durante a AM podem surgir tensões residuais, distorções da peça e variações do material, devido à deposição/fusão anisotrópica e à complexa transferência de calor (condução através das camadas sólidas anteriores versus através do pó solto circundante, convecção através da atmosfera).

Estão a ser implementadas simulações altamente não lineares nos principais códigos estruturais, a fim de simular em pormenor o processo de fabrico aditivo. Isto pode levar à previsão do estado de tensão do componente finito, bem como da deformação residual induzida pelo arrefecimento diferencial durante o tempo do processo. Os resultados típicos das deformações previstas num componente de calibração são apresentados na Figura 3.

As deformações podem transformar-se em perda de tolerância ou mesmo em falha da peça.

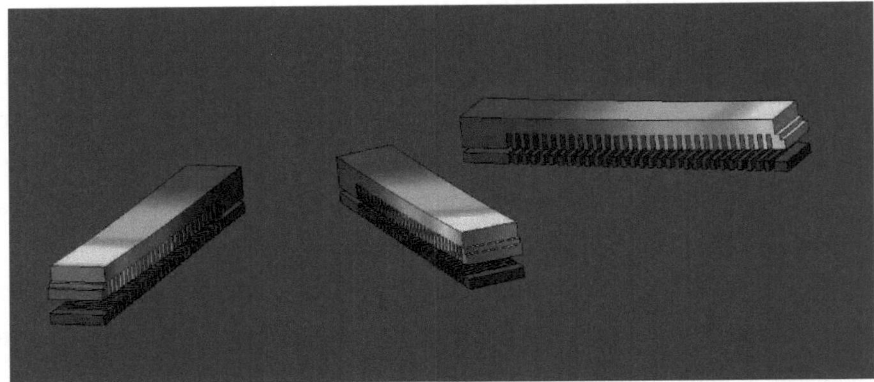

Figura 3. Mapa das deformações previstas por uma simulação do processo PBF.

Esta informação ajuda a reduzir tanto o número de protótipos como o tempo necessário para a afinação do processo. O fabrico aditivo de um componente mecânico típico, por exemplo em alumínio, pode demorar pelo menos 24 horas e custar muitas centenas de euros. Tomando o exemplo de uma cabeça de cilindro, a produção de um protótipo de fundição levará, dependendo da tecnologia (núcleos manifestados por camadas ou núcleos moldados), de 5 a 8 semanas e custará 50 a 100 mil euros para ferramentas. Com a utilização do PBF, as empresas podem beneficiar de uma redução do prazo de entrega, que normalmente desce para 2 semanas, juntamente com uma eliminação quase completa dos custos não recursivos e uma elevada flexibilidade (cada modelo pode ser diferente). Ao lado deste melhor caso, infelizmente noutras ocasiões os prazos de entrega e os custos explodem, principalmente devido a deformações e defeitos inesperados das peças. Além disso, uma validação experimental completa de um componente em termos de cargas estáticas e cíclicas pode exigir semanas ou, por vezes, meses. A simulação tem como objetivo evitar tanto as falhas de construção como os ciclos de conceção devidos à avaria do componente durante a fase de validação, com maior confiança e repetibilidade, prazos mais apertados e custos reduzidos. Os engenheiros precisam de ter a certeza de que o componente que está a ser construído e testado é o correto.

Um aspeto crítico em qualquer processo de AM é o conhecimento das propriedades esperadas do material e da sua microestrutura. Normalmente, com ligas metálicas, por exemplo, um laser de alta intensidade é aplicado a um leito de pó ao longo de um percurso guiado por um software CAD, fundindo o metal camada a camada para construir a peça. O metal funde-se localmente e, à medida que a fonte de calor avança, solidifica-se com a camada anterior para criar a peça fundida. As transformações de fase, as taxas de arrefecimento e outros parâmetros específicos da máquina, como a velocidade de impressão, orientam a metalurgia e as microestruturas que se desenvolvem.

Essas peças podem ser mais resistentes do que as fabricadas com métodos de fabrico tradicionais, como a fundição, mas as variabilidades nas propriedades mecânicas podem ser significativas. As ferramentas de modelização respondem à necessidade de captar a natureza multi-escala e multi-física do processo de fabrico. É aqui que o quadro de subrotinas do utilizador vai permitir que os engenheiros modelem a física do comportamento micro-mecânico, tirando partido do código de EF como solucionador global do comportamento macro das peças. Como consequência, podem ser previstas inovações no software de controlo da máquina AM. Poderão ser desenvolvidos protocolos de software específicos para obter um controlo preciso da entrada de calor desejada, independentemente da geometria local da peça construída.

Atualmente, o desenvolvimento de um componente envolve muitas iterações e resulta frequentemente em variações entre as peças produzidas com a mesma máquina e o mesmo processo. Este facto leva a que se considere que a AM não está suficientemente madura, o que torna muito difícil estimar o tempo e os custos de desenvolvimento. As potenciais vantagens do PBF são muitas vezes anuladas pela falta de uma compreensão e controlo completos do processo. A simulação poderia resolver estes obstáculos e tornar o fabrico aditivo um processo tão previsível e fiável como a fundição no passado.

Os impactos económicos podem ser impressionantes. Uma empresa que produza componentes PBF críticos, por exemplo, no sector automóvel, teria provavelmente um custo médio de desenvolvimento superior a 30.000 euros por componente, devido aos vários ensaios necessários para estabelecer o processo e torná-lo fiável e repetível (poderíamos facilmente assumir pelo menos 3 ensaios, cada um envolvendo mais de 100 horas de utilização da máquina mais material). Caso a empresa produza 10 produtos deste tipo por ano, uma metodologia mais fiável que reduzisse os ensaios a um por componente garantiria uma poupança anual que podemos estimar em 200.000€.

CAPÍTULO 4

4. Manuseamento de pós metálicos

Todos os sistemas PBF implicam o armazenamento, a deslocação, o manuseamento e a utilização de pós metálicos. Devido ao elevado rácio superfície/volume, os pós metálicos são altamente reactivos e requerem muito cuidado. Se não forem manuseados de forma segura, podem provocar incêndios ou mesmo explosões.

Nos EUA, 281 acidentes com explosões entre 1980 e 2005 estiveram relacionados com pós metálicos finos, nos quais morreram 119 pessoas e 718 ficaram feridas. Das 2000 explosões registadas anualmente na Europa, cerca de 20% estão associadas a pós metálicos.

Um fator-chave é a dimensão do pó: o risco de explosão é geralmente considerado elevado para grãos inferiores a 420pm. Para partículas maiores, a massa é geralmente suficientemente grande para dispersar o calor e evitar a ignição. No entanto, uma vez iniciada a explosão, as partículas maiores podem atuar como um agente combustível. A quantidade de energia libertada na explosão depende da composição do pó.

Quem manuseia pós metálicos deve ter conhecimento de algumas informações básicas.

A concentração explosiva mínima (MEC) é a quantidade mínima de pó em suspensão que propagará uma explosão se for exposta a uma fonte de ignição de magnitude suficiente. Para muitos pós metálicos, a MEC varia entre 20 e 50 g/m^3 .

A energia mínima de ignição (MIE) mede a prontidão de ignição de uma nuvem de pó por descargas eléctricas ou electrostáticas. Depende da composição, tamanho e forma das partículas de pó. Um material é considerado altamente inflamável para MIE no intervalo 3-5-10 mJ e extremamente inflamável abaixo de 3 mJ. A título de exemplo, os pós finos de titânio (diâmetro < 3 mm) inflamam-se com apenas 2 mJ.

A temperatura mínima de ignição (MIT) é a temperatura mais baixa numa superfície quente que provocará a ignição de uma nuvem de poeira, em vez de uma camada de poeira. Este valor é particularmente importante, uma vez que delimita a temperatura máxima de funcionamento dos dispositivos eléctricos e mecânicos a utilizar em ambientes poeirentos.

O índice de deflagração (Kst) é a taxa máxima de aumento da pressão quando a poeira deflagra, pelo que fornece uma medida da gravidade relativa da explosão. A explosão é classificada como forte para Kst acima de 200 e como muito forte acima de 300.

Para além do risco de incêndio ou de explosão, os pós metálicos devem também ser considerados em termos do seu possível efeito quando em contacto com a pele, os olhos ou quando inalados.

Das considerações anteriores resulta que os sistemas PBF requerem alguns procedimentos de trabalho específicos:

- evitando a dispersão do pó no armazém;
- evitar o contacto do pó com o oxigénio;
- evitar a utilização de ar comprimido para limpar o espaço de trabalho;
- evitar chamas abertas e fumar;
- minimizando o risco de cargas electrostáticas nos pavimentos;
- evitar a presença de superfícies quentes e de aparelhos eléctricos no armazém;
- evitar o contacto do pó com superfícies não condutoras;
- controlo das ligações à terra das máquinas e dos contentores;
- utilização de vestuário condutor à prova de fogo;
- armazenamento do pó em recipientes fechados numa sala separada.

CAPÍTULO 5

5. Os materiais

Os metais para os processos PBF vão desde as ligas dentárias/próteses até às ligas de fundição de Al; juntamente com uma vasta gama de aços, incluindo formulações maraging e inoxidáveis; ligas à base de Co- e Ni para uma elevada resistência à corrosão; para terminar com materiais típicos da indústria aeroespacial/motoresportos, tais como ligas de titânio e o composto intermetálico y-TiAl (Alumineto de Titânio). Recentemente, a EOS também incluiu o ouro na gama de materiais, mas a ficha de dados ainda não está disponível.

A Tabela II compara as propriedades mecânicas reivindicadas pelos vários fabricantes das ligas mais comuns.

Qualquer que seja a composição, o elevado custo do material de construção, se comparado com o das mesmas ligas como matérias-primas para o fabrico convencional, continua a ser um limite importante para os utilizadores finais, mas sobretudo para os prestadores de serviços, que cobram o custo do material sobre o componente individual.

Por conseguinte, uma utilização reduzida de material é um fator-chave para que o PBF seja competitivo em grande escala. Os processos aditivos, em geral, implicam poupanças significativas de material em relação aos processos subtractivos convencionais, o que permite considerar a AM como uma tecnologia ecológica. Além disso, a sua conformidade inerente com a liberdade de conceção e a complexidade geométrica pode levar à produção de componentes leves.

Este conceito pode ser explorado ao máximo através da aplicação da otimização topológica, um campo relativamente novo e em rápida expansão da mecânica estrutural. Consiste na aplicação de um procedimento recursivo de modelação e reconcepção de elementos finitos, que optimiza a disposição dos materiais num determinado espaço de conceção, para um determinado conjunto de cargas e condições de fronteira.

O resultado são componentes redesenhados que incluem apenas o material necessário numa perspetiva funcional, ou seja, para a transferência de tensões. As geometrias obtidas implicam frequentemente dificuldades de fabrico com processos subtractivos, mas estas dificuldades tornam-se oportunidades no caso da AM, em que menos material significa menor custo, independentemente da geometria. A combinação entre a otimização da topologia e o PBF pode resultar em componentes de resistência e rigidez iguais aos tradicionais, mas com menor peso, menor custo de material e tempos de construção mais curtos.

As melhores vantagens são alcançadas se o processo de reconcepção também incorporar os princípios do design para o fabrico de aditivos. Como requisito principal, as peças devem ser pensadas com uma atenção específica à sua orientação óptima no espaço de trabalho da máquina, uma vez que a própria natureza do processo é anisotrópica. A principal anisotropia é intrínseca ao fabrico em camadas e diz respeito à interface entre as camadas subsequentes. A resposta mecânica ao longo da direção Z é geralmente inferior à das outras direcções. Também devido aos esforços de investigação nas últimas décadas, atualmente muitos fabricantes de sistemas indicam claramente as propriedades dependentes da direção nas fichas técnicas. A anisotropia da resposta mecânica contribui para as muitas implicações da orientação da construção, incluindo a localização e a extensão dos erros de corte, bem como a necessidade e a posição dos suportes.

As ligas de titânio são certamente as mais utilizadas e amplamente investigadas, uma vez que a sua construção por fabrico em camadas se revelou imediatamente uma oportunidade estratégica de negócio. Não é surpreendente, portanto, que a norma ASTM F2924 (Specification for AM Titanium-6 Aluminum-4 Vanadium with Powder Bed Fusion) tenha surgido em 2012 como a primeira resposta às necessidades de normalização comuns à indústria de AM. Duas outras normas importantes estão agora activas na AM:

- F2971 Prática normalizada para a comunicação de dados relativos a provetes de ensaio preparados por fabrico aditivo
- F3049 Guia normalizado para a caraterização das propriedades dos pós metálicos utilizados no fabrico de aditivos

Ambas representam uma tentativa clara de trazer alguma ordem, definir uma prática partilhada e fornecer ferramentas de responsabilização ao domínio do PBF. Todas estas necessidades não podem ser adiadas para que o PBF possa emergir como um processo industrial competitivo.

Tabela II- Comparação dos desempenhos mecânicos das ligas produzidas com diferentes máquinas. Todos os dados referem-se a provetes no estado "as built", sem tratamento térmico, na direção de crescimento Z.

		EOS	SLM	Renishaw	3Dsystems	Arcam
AlSi10Mg	$R_{p0.2}$ [MPa]	210	227	206		
	R_m [MPa]	390	397	417		
	A %	6	6	6		
AlSi12	$R_{p0.2}$ [MPa]		211			
	R_m [MPa]		409			
	A %		5.1			
AlSi7Mg	$R_{p0.2}$ [MPa]		147			
	R_m [MPa]		294			
	A %		3.1			
CoCrMo ASTM F75	$R_{p0.2}$ [MPa]	800	835	683	850	560
	R_m [MPa]	1200	1050	1097	1200	960
	A %	24	-	21	10	20
MARAGING STEEL 1.2709	$R_{p0.2}$ [MPa]	1000			860	
	R_m [MPa]	1100			1100	
	A %	10			11	
Ti64ELI ASTM F136	$R_{p0.2}$ [MPa]	1130		996		930
	R_m [MPa]	1250		1100		970
	A %	9		7		16
Ti6Al4V	$R_{p0.2}$ [MPa]	1070	1116			950
	R_m [MPa]	1200	1286			1020
	A %	11	8			14
TiAl6Nb7	$R_{p0.2}$ [MPa]		> 865			
	R_m [MPa]		> 972			
	A %		> 10			
Ti grade 2	$R_{p0.2}$ [MPa]					540
	R_m [MPa]					570
	A %					21

STAINLESS STEEL 1.4404	$R_{p0.2}$ [MPa]		550	492		
	R_m [MPa]		654	588		
	A %		35	54		
STAINLESS STEEL 1.4540	$R_{p0.2}$ [MPa]		1025			
	R_m [MPa]		1100			
	A %		15			
Hastelloy X	$R_{p0.2}$ [MPa]		595			
	R_m [MPa]		772			
	A %		20			
Inconel 625	$R_{p0.2}$ [MPa]	615	707	588		
	R_m [MPa]	900	961	907		
	A %	42	33	33		
Inconel 718	$R_{p0.2}$ [MPa]	634	689	594		
	R_m [MPa]	980	995	887		
	A %	31	29	20		
Inconel 939	$R_{p0.2}$ [MPa]		735			
	R_m [MPa]		1009			
	A %		30			
Gold		no specs				
γ-TiAl		no specs				no specs

O PBF envolve perfis de temperatura complexos, tanto no espaço como no tempo. A distribuição espacial da temperatura é influenciada pelo movimento da fonte de energia, pela alteração da absorção de energia aquando da fusão do pó e pelo arrefecimento diferencial dos elementos de volume em contacto com o pó solto ou com o metal sólido.

Em termos de dependência do tempo, cada camada é submetida a um aquecimento recursivo durante a construção das secções superiores. Altas taxas de arrefecimento levam à solidificação de fases metaestáveis, como a microestrutura de martensite observada para o Ti6Al4V na Figura 4.

O fluxo de calor peculiar produz frequentemente microestruturas colunares extremamente finas (Gatto et al., 2012; Gatto et al., 2015; Frazier, 2014). Um exemplo é mostrado na Figura 5, onde uma secção gravada de uma peça de CoCrMo produzida por DMLS mostra grãos colunares com diâmetros na faixa de 300-400nm e alturas mais de dez vezes maiores (4-8pm), crescendo perpendicularmente ao limite da poça de fusão.

As estruturas de grão ultrafino deste tipo são responsáveis pela resistência muito elevada obtida pelo PBF, mas também podem ser consideradas responsáveis pelas recentes preocupações com a vida à fadiga.

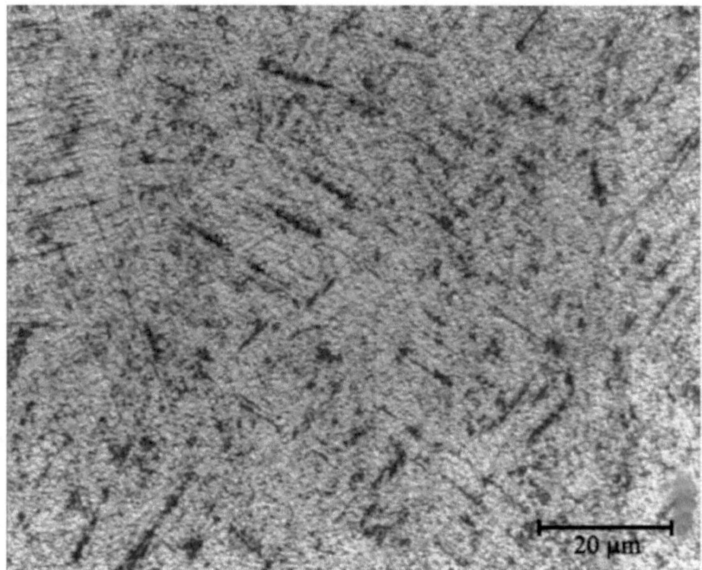

Figura 4. a' martensite em Ti6Al4V construída por PBF.

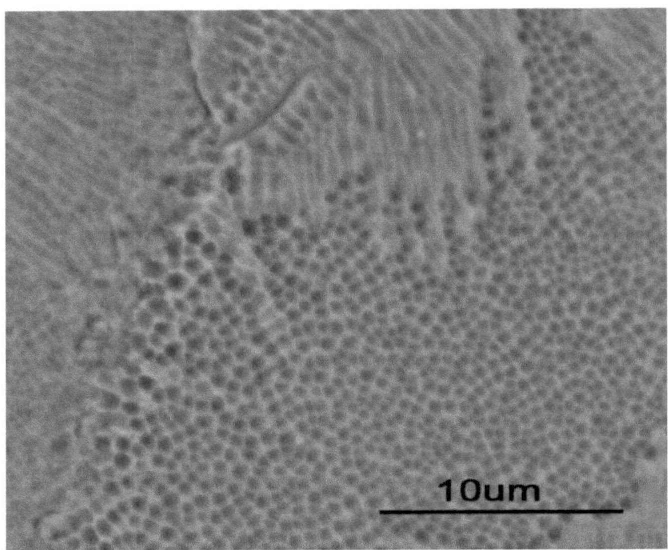

Figura 5. Grãos colunares ultra-finos numa liga de CoCrMo construída por PBF.

No caso de aplicações específicas, por exemplo, em próteses dentárias, são necessários tratamentos térmicos pós-processamento nas peças fabricadas por PBF. Como consequência, obtêm-se alterações microestruturais, incluindo a formação e o crescimento de precipitados grosseiros, que se transformam em modificações da resposta mecânica.

O elevado custo do material de construção, se comparado com o custo das mesmas ligas como matérias-primas para o fabrico convencional, continua a ser um limite importante nas PBF. Isto é particularmente verdade porque muitos sistemas requerem a utilização de pós patenteados. Consequentemente, a percentagem de pó reciclado também é crucial para que o PBF seja uma oportunidade de negócio. O pó solto que envolve a peça construída pode ser afetado pelo calor e pela atmosfera dentro da câmara de construção, resultando na oxidação e na alteração da distribuição granulométrica quando as partículas de pó se colam umas às outras. Apesar das soluções específicas das máquinas para soprar o pó oxidado para fora da área de construção, uma fração deste material é incorporada nas peças, em diferentes graus e em diferentes zonas da plataforma. Por conseguinte, a utilização de pó totalmente novo ou de uma determinada percentagem reciclada pode afetar as propriedades mecânicas da peça fabricada, em especial em determinadas posições da mesa de trabalho e em ligas mais sensíveis à oxidação. Para os componentes críticos, especialmente se exigirem uma elevada resistência à fadiga, a utilização de pó virgem, apesar de dispendiosa, é normalmente a escolha mais segura, pelo menos até que o fenómeno seja melhor compreendido.

Deve também ser prestada uma atenção cuidadosa à contaminação do pó, mais uma vez com uma importância variável consoante a liga. Estudos em curso estão a abordar o efeito da contaminação do pó, mesmo por constituintes não ligados da liga, na vida à fadiga de peças de aço construídas por PBF. As primeiras falhas de inserções de moldes produzidas em aço maraging por PBF foram atribuídas à presença de liga de Ti ou de partículas de óxido de Ti na matéria-prima, provavelmente devido a falhas na cadeia de fornecimento. O que é bastante preocupante é o facto de o problema ocorrer em percentagens tão pequenas que são consistentes com a composição química nominal da liga. A Figura 6 mostra claramente um exemplo do poluente que gera um defeito que inicia a falha da peça. Neste caso, o rendimento e a resistência à tração eram iguais ao valor nominal, mas a vida à fadiga para uma tensão máxima de 26% da UTS era tão curta como 10 ciclos[4] . Pelo menos para os aços, e como controlo de segurança para as outras ligas, é imperativo prever estes riscos, especialmente para as aplicações automóveis, aeronáuticas ou protésicas, onde as consequências da falta de fiabilidade das peças não são meramente comerciais.

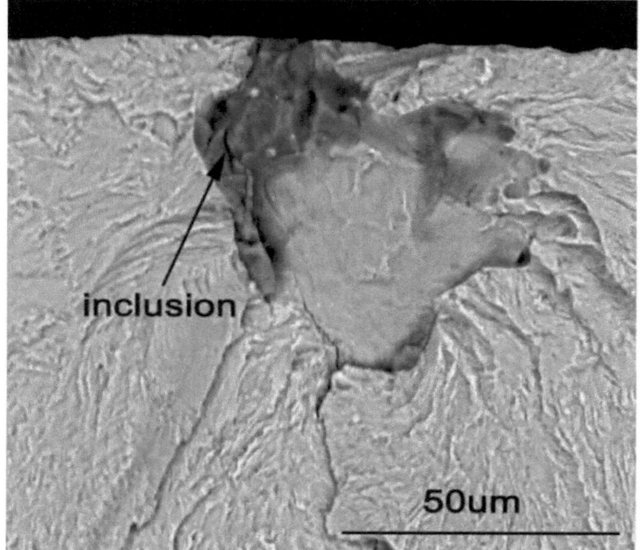

Figura 6. Superfície de rutura de uma amostra de ensaio de flexão de aço maraging,

produzida por PBF. A inclusão causada pela contaminação do pó actua como iniciador de fissuras.

A abordagem de avaliação do ciclo de vida (LCA) aplicada ao PBF permite avaliar os impactos ambientais e na saúde relacionados com a produção e a aplicação destes materiais e processos inovadores. O fabrico aditivo implica poupanças de recursos, tanto em termos de energia como de materiais: podem ser produzidos componentes mais leves em tempos mais curtos e com menor consumo de energia. É possível obter uma maior sustentabilidade de toda a cadeia de processos.

CAPÍTULO 6

6. Aplicações

Numerosas aplicações industriais podem beneficiar do PBF baseado em laser, desde próteses a componentes automóveis ou de moldagem.

A PBF de ligas biocompatíveis à base de titânio ou cobalto está a receber uma atenção crescente em aplicações médicas, como a substituição das articulações do joelho e da anca, bem como em medicina dentária, para a produção de estruturas metálicas e coroas de porcelana fundida com metal (Mumtaz et al., 2008; Dear et al., 2009; Stamp et al., 2009; Harris, 2012, Simchi, 2006). Nos domínios protético e médico, os processos aditivos capitalizam plenamente as suas caraterísticas distintivas, nomeadamente a conformidade com geometrias complexas, volumes reduzidos e forte individualização (Bassoli et al., 2012).

Para além de categorias de produtos específicas, um campo de sucesso notável para a PBF é o da produção distribuída de peças a pedido, com grande facilidade logística (Frazier, 2014; Khajavi et al., 2014). Na indústria aeronáutica, muitos intervenientes estão a encarar a AM como uma oportunidade para reduzir o armazenamento e produzir peças sobressalentes no momento e no local em que são necessárias. Um exemplo brilhante deste género é o pedido de patente dos EUA número 20150064299 A1, apresentado pela The Boeing Company, que reivindica um método e um aparelho para solicitar, autorizar e fabricar (aditivamente) peças de substituição para aeronaves.

Para as técnicas PBF, o sector aeroespacial é um mercado tão grande como o dos implantes e próteses. A Boeing, a Airbus e a NASA são os três principais intervenientes, que estão a investir recursos consideráveis no fabrico aditivo como uma opção de produção eficaz. Nas aplicações aeroespaciais, a análise custo/benefício vai muito para além da peça única, incluindo a redução do consumo de combustível de aeronaves mais leves, bem como a poupança de dinheiro conseguida pela rápida substituição de uma peça avariada. A divisão de aviação da General Electric, o maior fornecedor mundial de motores a jato, está a produzir bicos de combustível PBF CobaltChrome que alimentam a combustão em turbinas a gás. Cada motor LEAP utiliza 10 a 20 bocais, que costumavam ser produzidos através da soldadura de 20 peças. O novo bocal explora plenamente a integração funcional: o conjunto complexo é agora construído numa só peça, com uma redução de peso de cerca de 40% por apenas metade do custo. No entanto, estas são apenas vantagens suplementares de uma funcionalidade altamente melhorada em termos de caudal de ar, turbilhão de combustível e eficiência de arrefecimento. A GE prevê que 100 000 peças sejam produzidas por AM em 2020 e uma redução potencial do peso do motor superior a 450 kg.

O design leve é uma questão importante em aplicações de desportos motorizados, bem como em máquinas automáticas. Uma aplicação recente e bem sucedida do PBF à redução de peso é obtida com a otimização topológica de peças. Com a ajuda da modelação estrutural, podem ser desenvolvidos designs totalmente novos e leves, nos quais o material é removido de todas as áreas que dão pouca contribuição para a resistência ou rigidez da peça. A otimização topológica é uma técnica numérica que identifica a melhor forma de um componente sujeito a uma combinação de cargas. A forma pode ser por vezes bastante complicada e difícil, ou impossível de obter com os processos de fabrico tradicionais, ao passo que esta não é uma limitação para a AM. Esta técnica requer a modelação de todo o volume que pode ser utilizado pelo componente, o solucionador removerá iterativamente o material onde não for necessário. Conseguem-se facilmente poupanças de peso e de custos tão impressionantes como 30%. São obtidas geometrias semelhantes a vigas, celulares ou biomiméticas, normalmente difíceis de produzir por processos tradicionais, mas facilmente construídas de forma aditiva.

Entre as utilizações mais notáveis do PBF, os moldes de injeção com canais de arrefecimento conformes não devem ser ignorados. É mais um exemplo de como a AM conduz a novas ideias de produtos, que não teriam sido pensadas antes, porque não seriam viáveis. Uma das consequências mais fascinantes dos processos aditivos é o facto de permitirem aos designers pensar em produtos com funções completamente novas: processos inovadores conduzem ao desenvolvimento de produtos inovadores. No caso dos moldes de injeção de plástico, os canais de arrefecimento incorporados no molde, logo abaixo da superfície, traduzem-se em poupanças impressionantes no tempo de ciclo.

Regra geral, os exemplos de sucesso mais notáveis da AM, e do PBF em particular, são os que resultam de uma abordagem "think-additive" ao design do produto, ou seja, uma conceção inovadora das geometrias e funcionalidades do produto, de modo a tirar o melhor partido da fabricação aditiva (Minetola et al., 2015). Entre os princípios-chave está a redução do número de componentes do produto, através da integração de dobradiças e outras articulações, preservando simultaneamente a funcionalidade do produto.

A fim de recolher um número crescente de histórias de sucesso, uma das necessidades urgentes é educar uma força de trabalho de engenharia AM, capaz de ultrapassar a barreira à adoção devido à falta de familiaridade com estas tecnologias (Gatto et al., 2015). A educação em engenharia deve adaptar-se ao que está a ser chamado de "terceira revolução industrial".

CAPÍTULO 7

7. Estado da arte e tendências futuras

medida que os sistemas AM amadurecem, espera-se mais da tecnologia. Para que a PBF seja aceite como uma técnica de fabrico industrial, as peças têm de ser produzidas de forma fiável, com tolerâncias elevadas e boas propriedades mecânicas. Nos últimos anos, os produtos fabricados por fusão em leito de pó sofreram de fracas propriedades mecânicas, devido aos complexos processos físicos associados à sinterização a laser que incluem a transferência de calor e a fusão do pó. A rugosidade superficial elevada, a porosidade, a microestrutura heterogénea e as tensões residuais térmicas são normalmente os problemas mais limitantes que podem afetar os produtos sinterizados. Mais recentemente, a tecnologia atingiu o objetivo de obter propriedades mecânicas frequentemente iguais, ou mesmo superiores, às obtidas por processos tradicionais (Bassoli et al., 2013). Por outro lado, as preocupações estão a deslocar-se para a fiabilidade das peças, e os esforços de investigação estão a centrar-se no estudo da vida à fadiga e nos factores que podem reduzi-la (Frazier, 2013). Em geral, a AM gera microestruturas altamente distintas, totalmente diferentes das observadas noutros locais (Barucca et al., 2015), o que se transforma numa necessidade urgente de um melhor conhecimento dos desempenhos esperados. A dificuldade em prever as caraterísticas das peças para garantir a sua robustez e repetibilidade é ainda uma das maiores limitações.

Esperam-se melhorias nos desempenhos do PBF a laser em termos de velocidade, custos, utilização de materiais e fiabilidade, também através da adoção de uma abordagem LCA/LCC, produzindo simultaneamente peças de trabalho com uma vida à fadiga controlada e significativamente aumentada, bem como com rácios resistência/peso mais elevados. Estes processos são susceptíveis de ir muito além do atual estado da arte, através do domínio de todas as fases da cadeia de processos. Consequentemente, será colmatada a lacuna entre a viabilidade dos componentes testados em laboratório e a sua produção para aplicações reais.

As tendências futuras em PBF devem abordar: a monitorização e o controlo durante o processo, com o objetivo de melhorar a robustez do processo e reduzir a variação de máquina para máquina em todos os materiais e tipos de máquinas (Frazier, 2014); procedimentos normalizados para o controlo do produto, com base em ferramentas estatísticas e em tecnologias inovadoras de inspeção não destrutiva, que correspondam às exigências de peças únicas e poucas; e uma compreensão das microestruturas peculiares construídas por PBF, apontando para uma vida à fadiga maior e previsível

CAPÍTULO 8

8. Potencial de mercado e crescimento

Os sistemas AM metálicos estão a ser colocados a taxas que ultrapassaram muitas perspectivas muito positivas. Os fornecedores de sistemas não conseguem fornecer sistemas tão rapidamente como os estão a vender. Em 2014, o crescimento do mercado excedeu as estimativas de crescimento originais em quase 27%.

Há dois domínios em que a AM terá provavelmente a maior influência na concorrência:

a) **Como fonte de inovação de produtos:** A AM pode produzir componentes com menos restrições de design que frequentemente limitam os processos de fabrico mais tradicionais. Esta flexibilidade é extremamente útil no fabrico de produtos com caraterísticas personalizadas, possibilitando a adição de funcionalidades melhoradas, tais como cablagem eléctrica integrada (através de estruturas ocas), menor peso (através de estruturas de treliça), formas ergonómicas e geometrias complexas que não são viáveis utilizando processos tradicionais.

b) **Como impulsionador da transformação da cadeia de fornecimento:** ao eliminar a necessidade de novas ferramentas e ao produzir diretamente as peças finais, a AM reduz o tempo de espera global, melhorando assim a capacidade de resposta do mercado. Além disso, uma vez que a AM geralmente utiliza apenas o material necessário para produzir um componente, pode reduzir drasticamente os resíduos e diminuir a utilização de material. Estas capacidades da AM, combinadas, permitem às empresas efetuar mudanças significativas na cadeia de fornecimento, sendo as reduções de custos as menos surpreendentes. As inovações notáveis incluem a capacidade melhorada de fabricar produtos mais perto dos clientes, a enorme simplicidade logística, a redução da complexidade da cadeia de abastecimento e a possibilidade de servir melhor os segmentos de consumidores e os mercados sem a necessidade de uma grande mobilização de capital, mesmo para a produção de volumes baixos a médios.

A taxa de crescimento anual composta (CAGR) do fabrico de aditivos entre 2012 e 2014 foi de 33,8%. A indústria registou um crescimento de mais de mil milhões de euros em 2014. O sector automóvel e o sector médico lideram entre os sectoresalvo com 17% e 14%, respetivamente. As previsões de mercado fornecem estimativas de uma taxa de crescimento anual composta entre 18 e 34% (Quadro III).

Quadro III. Taxa de crescimento anual composta (CAGR)

	CAGR	$billion	Reference
2020	18%	7	Paul Coster of JP Morgan
	34%	21.3	Ben Uglow of Morgan Stanley
		10.8	Wohlers Associates
	20.9%	11.1 [a]	AM & Material Market by Technology, by Material, by Application, and by Geography - Analysis & Forecast to 2014 - 2020 marketsandmarkets.com Publishing Date: October 2014 Report Code: SE 2859
	19.3%	1 [b]	

[a]> excluindo materiais[b] > materiais

O atual volume de negócios da utilização do fabrico aditivo em aplicações automóveis é de cerca de 168 milhões de dólares para os equipamentos e 99 milhões para os materiais. De 2014 a 2019, o mercado vai quase quintuplicar, passando de 267 milhões de dólares para 1,25 mil milhões de dólares, com um crescimento de 468%.

As tecnologias AM estão a ser aplicadas no fabrico de protótipos funcionais e de peças pequenas e complexas para automóveis de luxo e antigos. Em especial, o sector dos desportos motorizados constitui um campo importante para a utilização das tecnologias AM, uma vez que aqui o alto desempenho e o baixo peso desempenham um papel central. Os fabricantes de automóveis foram dos primeiros a adotar a AM, mas durante décadas relegaram a tecnologia AM para a criação de protótipos de baixo volume ou para aplicações de competição. Em ambos os casos, as aplicações são limitadas no tempo. A utilização da AM no sector automóvel está a evoluir de modelos conceptuais relativamente simples para peças funcionais que são utilizadas em veículos de teste, motores e plataformas. Isto representa uma mudança na adoção da AM para aplicações de maior valor e é um passo inicial para a aceitação das peças de utilização final da AM nos automóveis. A AM de 2020

O mercado automóvel está estimado em 1,17-5-3,59 mil milhões de dólares. Ao mesmo tempo, prevê-se que o custo do pó diminua de cerca de 90 euros/kg para 30 euros/kg.

Prevê-se que o mercado global de instrumentação ortopédica ultrapasse os 56 mil milhões de dólares até ao ano de 2017, impulsionado pelo envelhecimento da população, pelo aumento da incidência de doenças relacionadas com a idade e pela melhoria dos procedimentos cirúrgicos ortopédicos. O desenvolvimento de materiais e implantes mais duradouros e melhorados é um dos principais factores que contribuem para o crescimento do sector. As taxas de substituição da anca, do joelho e do ombro aumentaram substancialmente nas últimas décadas. Nos EUA, entre 2000/01 e 2005/06, a taxa global de substituição da anca por 1000 beneficiários do Medicare aumentou de 3,5 para 4,0: um aumento de 15%. Os EUA e a Europa são os dois maiores mercados de implantes para a anca e o joelho, representando os EUA quase 50% e a Europa cerca de 30% do total de procedimentos a nível mundial. Os analistas da TechNavio prevêem que o mercado mundial de implantes da anca cresça a uma taxa de crescimento anual (CAGR) de 2,98% durante o período de 2014-2019.

A AM é uma tecnologia baseada no conhecimento que exige abordagens e capacidades específicas, como as analisadas na secção 9, para explorar o potencial económico acima descrito.

CAPÍTULO 9

9. Cadeia de valor na indústria da madeira

Um dos principais motores da inovação é a criação de cadeias de abastecimento competitivas, a fim de fazer com que a AM baseada no laser dê um passo significativo em direção ao fabrico industrial em grande escala. Os fornecedores de máquinas e pós, as empresas de conceção de engenharia, os prestadores de serviços e os utilizadores finais são convidados a definir os seus requisitos respectivos e a contar com o apoio de parceiros de investigação, a fim de desenvolver a inovação em todas as fases da cadeia de abastecimento. A competitividade dos processos PBF pode ser aumentada para níveis industriais através de um esforço combinado em três desafios principais:

(i) Modelação de peças e otimização da topologia;

(ii) Otimização da matéria-prima para evitar a contaminação do pó e definir a reciclagem aceitável;

(iii) Modelação e otimização do processo, incluindo inovações do software de controlo da máquina AM, para permitir uma produção de elevado rendimento.

Todas as etapas da cadeia de processos da AM de metais baseada em laser devem ser integradas: desde a conceção da peça até à peça final. Com efeito, os objectivos podem ser prosseguidos através de uma abordagem que começa com inovações na fase CAD, lida com melhorias e controlo de qualidade da matéria-prima, envolve a modelação do processo aditivo e os avanços tecnológicos do próprio processo aditivo.

A partir da ação simultânea sobre a modelação da peça, a matéria-prima e a entrada de calor no processo, estes processos podem garantir a produção de componentes produzidos com menos material em tempos ainda mais curtos devido ao aumento das taxas de volume, com menor custo de material e de utilização da máquina. Os Indicadores Chave de Desempenho (KPI) do progresso descrito podem ser previstos em:

- redução do peso das peças optimizadas em termos de topologia e para a AM;

- redução do custo dos materiais;
- aumento da produtividade;
- aumento da resistência à fadiga de peças metálicas produzidas com PBF a laser.

Todos os parceiros relevantes da cadeia de valor devem estar empenhados nos resultados e trabalhar em sinergia (Figura 7).

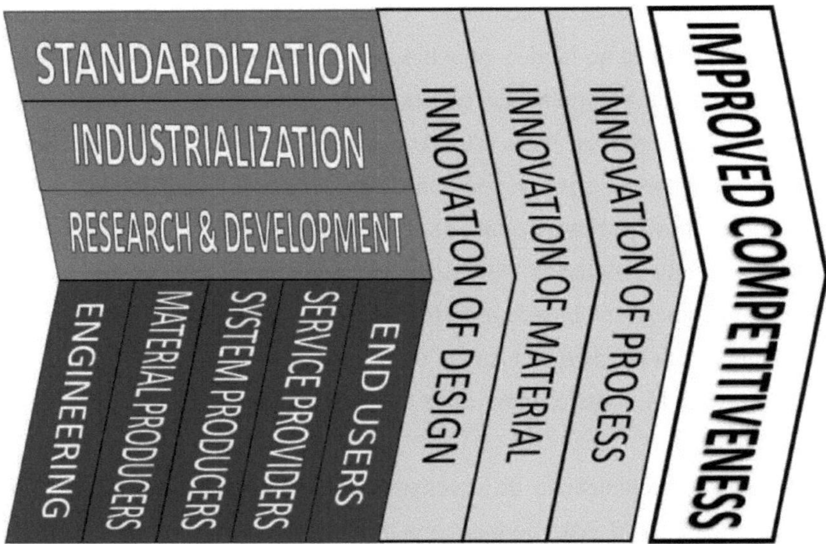

Figura 7. Cadeia de valor para aumentar a competitividade dos processos de AM.

A abordagem prevista permite aumentar a competitividade em todas as fases da cadeia de fabrico, de modo a que cada interveniente beneficie de uma liderança industrial reforçada, que consiste na oferta de:

- Sistemas de AM mais eficientes e materiais de maior qualidade (fornecedores);
- Serviços a pedido optimizados para a produção de componentes rentáveis (fornecedores de serviços);
- Novos serviços de conceção de engenharia que combinam a otimização da topologia e a conceção para AM (empresas de engenharia);
- Produtos finais mais leves, mais fiáveis e mais funcionais (utilizadores finais).

Bibliografia

Baca, A., Konecna, R., Nicoletto, G. e Kunz, L., 2015. Efeito da rugosidade da superfície na vida em fadiga da liga Ti6Al4V fabricada com aditivo a laser. *Tecnologia de fabrico, 15(4),* pp.498-502.

Barucca, G, Santecchia, E, Majni, G, Girardin, E, Bassoli, E, Denti, L, Gatto, A, Iuliano, L, Moskalewicz, T & Mengucci, P, 2015, "Structural characterization of biomedical Co-Cr-Mo components produced by direct metal laser sintering", *Materials Science and Engineering: C,* 48,pp. 263-269

Bassoli, E & Atzeni, E 2009, "Diret Metal Rapid Casting: mechanical optimization and tolerance calculation.", *Rapid Prototyping Journal,* 15 (4), pp. 238-243.

Bassoli, E, Gatto, A & Iuliano, L, 2012, "Joining mechanisms and mechanical properties of PA composites obtained by Selective Laser Sintering", *Rapid Prototyping Journal,* 18 (2), pp. 100-108

Bassoli, E, Sewell, N, Denti, L & Gatto, A, 2013,"Investigation into the failure of inconel exhaust collector produced by laser consolidation", *Engineering Failure Analysis,* 35, pp. 397-404

Bredt, JF, Anderson TC & Russell, DB, 2003. Patente dos EUA n.º 6.610.429. Washington, DC: U.S. Patent and Trademark Office.

Chastand, V., Tezenas, A., Cadoret, Y., Quaegebeur, P., Maia, W. e Charkaluk, E., 2016. Caracterização da fadiga de amostras de titânio Ti-6Al-4V produzidas por fabrico aditivo. *Procedia Structural Integrity, 2,* pp.31683176.

Frazier, WE, 2014, "Metal additive manufacturing: A review", *Journal of Materials Engineering and Performance,* 23(6), pp. 1917-1928.

Gatto, A, Bassoli, E, Iuliano, L & Violante, MG, 2007, "3D Printing technique applied to Rapid Casting", *Rapid Prototyping Journal,* 13(3), pp. 148-155.

Gatto, A, Iuliano, L, Calignano, F & Bassoli, E, 2012, "Electro-Discharge Drilling performance on parts produced by DMLS", *International Journal of Advanced Manufacturing Technology,* 58 (9-12), pp. 1003-1018

Gatto, A, Bassoli, E, Denti, L, Iuliano, L & Minetola, P, 2015, " Multi-disciplinary approach in engineering education: learning with additive manufacturing and reverse engineering", *Rapid Prototyping Journal,* 21(5), pp. 598-603.

Gong, X & Chou, K, 2013, "Characterization of Sintered Ti-6Al-4V Powders in

Electron Beam Additive Manufacturing", *ASME 2013 International Manufacturing Science and Engineering Conference collocated with the 41st North American Manufacturing Research Conference* (pp. V001T01A002- V001T01A002).

Gu, D & Shen, Y, 2009, "Effects of processing parameters on consolidation and microstructure of W-Cu components by DMLS.", *Journal of Alloys and Compounds,* 473(1), pp. 107-115.

Harris, ID, 2012, "Additive manufacturing: A transformational advanced manufacturing technology", *Advanced Materials and Processes,* 5, pp. 25-29

Khajavi, SH, Partanen, J & Holmstrom, J, 2014, "Additive manufacturing in the spare parts supply chain", *Computers in Industry,* 65 (1), pp. 50-63

Leuders, S., Thone, M., Riemer, A., Niendorf, T., Troster, T., Richard, H.A. e Maier, H.J., 2013. Sobre o comportamento mecânico da liga de titânio TiAl6V4 fabricada por fusão selectiva a laser: Resistência à fadiga e desempenho do crescimento de fissuras. *Jornal Internacional de Fadiga, 48,* pp.300-307.

Malaguti, G, Denti, L, Bassoli, E, Franchi, I, Bortolini, S & Gatto, A., 2011, "Dimensional Tolerances and Assembly Accuracy of Dental Implants and Machined Versus Cast-On Abutments", *Clinical implant dentistry and related research,* 13 (2), pp. 134-140.

Mengucci, P, Barucca, G, Gatto, A, Bassoli, E, Denti, L, Girardin, E, Bastianoni, P, Rutkowski, B, Czyrska-Filemonowicz, A, 2016, "Effects of thermal treatments on microstructure and mechanical properties of a Co-Cr-Mo-W biomedical alloy produced by laser sintering", *Journal of the Mechanical Behavior of Biomedical Materials,* 71, pp. 1-9

Mengucci, P, Gatto, A, Bassoli, E, Denti, L, Fiori, F, Girardin, E, Bastianoni, P, Rutkowski, B, Czyrska-Filemonowicz, A, Barucca, G, 2017, "Effects of build orientation and element partitioning on microstructure and mechanical properties of biomedical Ti-6Al-4V alloy produced by laser sintering", *Journal of the Mechanical Behavior of Biomedical Materials,* 71, pp. 1-9

Minetola, P, Iuliano, L, Bassoli, E & Gatto, A, 2015, "Impact of additive manufacturing on engineering education-evidence from Italy" *Rapid Prototyping Journal, 21(5),* pp.535-555.

Mumtaz, KA, Erasenthiran, P & Hopkinson, N, 2008, "High density selective laser melting of Waspaloy", *Journal of Material Processing Technology,* 195, pp. 77-83.

Simchi, A, 2006, "Diret laser sintering of metal powders: Mechanism, kinetics and microstructural features", *Materials Science and Engineering: A,* 428, pp. 148-158

Stamp, R, Fox, P, O'Neill, W, Jones, E & Sutcliffe, C, 2009, "The development of a scanning strategy for the manufacture of porous biomaterials by selective laser melting", *Journal of Materials Science: Materials in Medicine,* 20,pp. 1839-1848.

Thijs, L, Verhaeghe, F., Craeghs, T., Van Humbeeck, J. e Kruth, J.P., 2010. Um estudo da evolução microestrutural durante a fusão selectiva a laser de Ti- 6Al-4V. *Ata Materialia,* 58(9), pp.3303-3312.

Tolochko, N. K., Mozzharov, S. E., Yadroitsev, I. A., Laoui, T., Froyen, L., Titov, V. I., & Ignatiev, M. B. (2004). Balling processes during selective laser treatment of powders. Rapid Prototyping Journal, 10(2), 78-87.

Ucar, Y, Akova, T, Akyil, M & Brantley, WA, 2009,"Avaliação da adaptação interna de coroas preparadas utilizando uma nova técnica de fabrico de coroas dentárias: coroas de Co-Cr sinterizadas a laser", *Journal of Prosthetic Dentistry* ,102, pp. 253-259

Relatório Wohlers 2015 ISBN 978-0-9913332-1-9

Mark J. Cotteleer, Deloitte Services LLP: "3D opportunity: Caminhos de fabrico aditivo para o desempenho, inovação e crescimento", 1 de outubro de 2014

DMRC 2011 - Thinking ahead the future of additive manufacturing - analysis of promising 684 industries, Dr. I. J. Gausemeier, et.al. Heinz Nixdorf Institute, por encomenda do Diret Manufacturing 685 Research Center (DMRC), 2011

Roland Berger, "Additive manufacturing, A game changer for the manufacturing industry?", Munique, novembro de 2013

"A new brick in the Great Wall, Additive manufacturing is growing apace in China", 27 de abril de 2013, The Economist

Roland Berger: "Fabrico aditivo: um fator de mudança para a indústria transformadora?" Munique, novembro de 2013

Oportunidades de fabrico aditivo na indústria automóvel: Uma previsão de dez anos - SmarTech Markets Publishing, dezembro de 2014

Orthopedic Instrumentation: A Global Strategic Business Report" anunciado pela Global Industry Analysts, In Elliott S. Fisher, MD, MPH John-Erik Bell, MD Ivan M. Tomek, MD, FRCS(C) Amos R. Esty, MA David C. Goodman, MD, MS: Trends and Regional Variation in Hip, Knee, and Shoulder Replacement, 2010 A Dartmouth Atlas Surgery Report

"Mercado de substituição de quadril e joelho Um relatório Datamonitor publicado: Set-06 Mercado global de implantes de quadril 2015-2019 25 de março de 2015, Ku: Irtntr5565

Allied Market Research "Oportunidades e previsões para o mercado mundial de plásticos moldados por injeção, 2014-2020" Transparency Market Research

Printed by Books on Demand GmbH, Norderstedt / Germany